关键不是你现在有多棒，而是你想成为多棒的人

IT'S NOT HOW GOOD YOU ARE,
IT'S HOW GOOD YOU WANT TO BE

[英]保罗·亚顿 著／张伟 译

湖南人民出版社

有钱有势的大人物，
并非总是拥有
傲人的天赋、
良好的教育背景、
无限的魅力，
或是不俗的外表。

献给托妮

他们能成为大人物，只是因为他们渴望变成大人物。

你想要到达哪里，
你想成为谁？
如果你知道答案，
就已经拥有了最大的财富。

毕竟，

无的如何放矢？

你想成为多棒的人?

当客户需要的仅仅是平庸，
我们为什么依然要追求卓越？

比起追求卓越，商业社会对四平八稳的需求其实更强烈。

老实说，我很欣慰现实如此。

想象这样一个世界：所有的客户都不挑三拣四，我们可以不受限制地实现脑海中的创意，自由地让策划成真，不被客户沉闷无聊的想法禁锢。

那时，我们会怎么做呢？

我们会对抗现实，大声疾呼："这样难道不无聊吗？我们怎么能这么傻？就瞎做吧，往坏里做，成本越低越好。"

与现实对抗是创意人的天性。每个创意人都需要反叛精神。反其道而行之，能让创意人的生活充满激情，也让客户的世界因此丰富多彩。

我只为自己活。

所以,你想成为多棒的人?

还行。

优秀。

很牛。

行业领袖。　　　　　　　　　全世界最强的人。

人人都会说"我想把工作做好",但到底要做到多好才算好?

还行。

优秀。

很牛。

行业领袖。

还是全世界最强的人?

天赋决定下限,野心决定上限。

人人都想做到"好",但很少人愿意再进一步,历经磨难做到"卓越"。

对很多人来说,平日与人为善、得到更多青睐才是更重要的。这当然也有价值,但你可别把"卓越"和"让人喜欢"弄混。

大部分人都在寻求成就更好的自我的途径。

然而事实是,成功没有捷径。唯一的方法就是不断总结经验和错误。

你终将成为你想成为的那个人。

你也可以成就卓越。

你给自己的定位在哪里?

你能成就不可能

首先,你要设定一个跳起来才能够到的目标。

别总想着你能力有限,多去尝试那些你不一定能做到的事情。

如果你担心自己的能力并不足以为最优秀的公司效力,那就把为它工作设为你的目标。

如果你担心自己不适合开一家公司,那就把开一家公司设为你的目标。

如果你认为自己不可能登上《时代》周刊的封面,那就把登上《时代》周刊封面设为你的目标。

把梦想当做目标,哪怕看起来不可能。

一切皆有可能。

"我想和宝莹洗衣剂*一样出名。"

——维多利亚·贝克汉姆

从少女时期开始,维多利亚·贝克汉姆每天想的不是比同龄人更优秀,也不是成为著名歌星,而是把自己打造成举世闻名的品牌。

她没有停留于幻想,而是凭着一腔对成名的渴望,着手去实现。这种狂热的渴望本身,就让她和大多数人有了高下之分。

关键不是她现在有多棒,而是她想成为多棒的人。

她说过,她从未把自己与乔治·迈克尔或者玛丽亚·凯莉相比,而是在院子里发现宝莹洗衣剂时,才点燃了渴望的火花。

也许你会觉得很好笑,但正是这种非比寻常的幻想,成就了今天的维多利亚·贝克汉姆。

---

* 英国最知名的洗衣剂品牌之一。若无特别标注,本书注释均为译注。

你知道这是谁。

学校里最聪明的学生，
并不是人生中最成功的那些人。
为什么？

我们在学校里学到的东西叫事实，已被证实的事实。

你在学校里的任务就是积累、记住这些事实。记住的越多，你的成绩就越好。

那些在学校里表现不好的人，通常对这些事实不

看到这个普普通通的男孩了吗？

感兴趣,或者不喜欢他们所受的教育方式。

其中还有一部分人,只是因为记忆力不够好。

但这并不代表他们愚蠢。只能说明学校教育不足以激发他们的想象力。

那些所谓的聪明人,找工作只是凭着自身学历或成绩(这早就成为过去),而不是凭借他们对成功的渴望(这才是未来)。

显而易见,这些聪明人终有一天会被不断超越自我的人迎头赶上。

一旦有了目标,你的能力就没有极限。

他已经懂得广告之道。

基本原则

能量

要成事,75%靠能量。

如果你没有能量,那就尽量做个好人吧。

别找表扬，
去找批评

想被表扬很容易。只要你问的人足够多，只要你多问一些爱吹捧的家伙。

相比于苛责，这些人往往会给予我们肯定。加之我们总是倾向于过滤掉不好的评价，最后得到的结果是，我们只听到了自己想听的话。

所以，当你完成了一项差强人意的工作，由于别人礼貌性的肯定，你会认为自己做得相当不错。

也许这件工作完成得的确还可以，但也没有那么出色。

相反，当你不再刻意去问自己做得是不是够"好"，而是问："这项工作有没有问题？我怎么才能做得更好？"你才更有可能获得真实的、批评性的回答。

你的想法也因此有可能得到进一步完善。

别害怕会遇到错误的批评，你有权坚持己见。

"你觉得这有什么问题吗？"

都是我的错

如果你参与的项目出了错,永远不要怪别人。记住,只从自己身上找问题。

从接手一项工作的那一刻起,你就要承担起全部责任。一旦承担责任,就应尽心尽力。

以下是一些失败者的常见借口:

1. 简报做得太差了。
2. 我需要更好的搭档。
3. 没有足够的资金支持。
4. 负责人根本不听我的。
5. 别的项目让我脱不开身。
6. 没有给我足够的时间。
7. 客户把我最好的创意否决了。

这些抱怨已经成了我们的日常。但抱怨并不会改变结果。

不管别人做错了什么,关键只在于你,你才是那个应该承担责任的人。

永远不要找借口。

男孩与鹅互相责备。

不要藏起好创意

**分享你知道的一切，
你得到的会更多。**

在学生时代，你一定遇到过这样的状况：你的同学用胳膊挡住练习册或试卷上的答案，不让你看。

在工作中这样的事情也常发生，人们对自己的创意守口如瓶。"别告诉他们，他们会抄走，然后据为己有。"

费尽心机地藏起你的创意，后果只会是对着你的创意储备坐吃山空，直到被抛弃。

相反，分享你知道的一切，你会毫无所剩。这逼迫你去观察，去体悟，去重新把自己填满。

某种意义上，分享越多，回报越多。

创意是公开知识，不是谁的私有物。追根问底，它们都来自别人。创意就像空中飘浮的尘埃，你做的只是灵机一动，抓住其中一个据为己有。

人若藏私，私必有尽。

别总想找
下一个机会，
你手头的
才是真正的机会

我们总是等着完美的客户出现，给出完美的创意简报。

可这几乎从未发生过，也几乎不可能发生。

你可能正着手一个工作或项目，抱怨着"这个真无聊，我们就随便糊弄过去吧。下一单再好好做"。

不论现在你手上的项目是什么，它都是最重要的。你要尽最大努力把它做到最好。

也许结果并不完美，但至少你会在全力以赴的过程中收获巨大的满足感，也可能从中受益颇多。

而且，你随时可以去做真正符合你创意标准的策划。

事实上，即便你通过高质量的工作换来了良好的业内声誉（虽然这会有一定帮助），好的创意简报也不会从天而降。

成功的解决方案，往往来自那些面对糟糕的创意简报，还愿意竭尽全力的人。

放大优势

找出产品或服务的优势,然后努力夸大它,就像漫画家绘制夸张化的人物动作那样。

例如,你知道马可以跃过沟渠,所以你也能接受它可以跃过科罗拉多大峡谷。

相比于我所学到的其他事情,这个认知最为迅速地推动了我的职业生涯。

只要你的创意立足于基本事实,那就可以把它无限夸大。

举个例子:

一个助晒油的广播广告开头是一个英国男声在介绍产品优势,说着说着,声音变成了一个西印度男声*。

精彩绝伦。

你知道助晒油不会让你变黑,但你认可它会让你变棕色。

---

* 罗恩·柯林斯作品。

摒弃恶意

不要诋毁竞争对手。

最后出名的只会是对手,而不是你。

或许这种做法会为你赢得关注或奖项,但绝不会赢得销售。

(通常而言摒弃恶意也更容易做到。)

传播时不要只做表面功夫

创意人是被雇来创造的。

为了证明他们的能力物有所值,他们必须不断向人展示自己有多聪明的创意。

如果你的创意真正是聪明、直接且有价值的,当然最好不过。但问题在于,好的创意并不常有,卓越的创意更是少之又少。

为了证明自身价值,创意人的提案常常是表面花哨但缺乏内涵的。

其实,相比于寻找速效对策,他们如果愿意花上些时间去找出问题所在,就能轻而易举地找到相应的解决办法。

换言之,只要找对了问题,就一定能找对答案。

詹姆斯·韦伯·扬的名作《创意的生成》,写于20世纪50年代,至今畅销。

这本书不会直接给你创意,但能帮你理清思路,让你原创出有实际意义的策划案。

Think small.

Our little car isn't so much of a novelty any more.

A couple of dozen college kids don't try to squeeze inside it.

The guy at the gas station doesn't ask where the gas goes.

Nobody even stares at our shape.

In fact, some people who drive our little flivver don't even think 32 miles to the gallon is going any great guns.

Or using five pints of oil instead of five quarts.

Or never needing anti-freeze.

Or racking up 40,000 miles on a set of tires.

That's because once you get used to some of our economies, you don't even think about them any more.

Except when you squeeze into a small parking spot. Or renew your small insurance. Or pay a small repair bill. Or trade in your old VW for a new one.

Think it over.

你是要聪明的创意还是要逻辑思维?

做不到，就别承诺

我们总是对自己的创意充满热情，但这种热情会促使我们在向别人推销它的时候夸大其词，做出难以实现的承诺。

我们在畅想中，从不给自己留失败的余地。

然而结果很可能会让人大失所望。虽然令人失望的结果并不致命，但它会破坏预期。

没有谁会说你什么，但下次他们绝不会再那么信任你。

总之你搞砸了。

如果你事先给自己留了余地，向客户指出你创意中的潜在问题，以及你想到的应对措施，那么一旦这些问题真的出现了，你不仅可以按计划去解决它们，还能让客户从此对你信任有加。

而如果一切进展皆如最初所想，那就是额外的惊喜了。

一之谓甚,岂可再乎?

看透客户的真实动机

大部分客户作为企业法人,都会下意识地保护他们的私有财产。

他们对出挑的创意始终保持警惕,视此为风险,而不是对事业的推动力。

要知道,他们的真实动机很可能和你拿到的创意简报大相径庭。

而你首先要做的就是找出他们的真实动机。

记住,所有客户都存在身份焦虑。

他们中有人渴望成为纽约游艇俱乐部或是赛马会的会员。

有人希望当马戏团餐厅或常春藤餐厅的座上宾。

有人想当艺术赞助商。

有人要做公司总裁。

也有人想做足球俱乐部老板。

甚至有人可能只想做个蝴蝶收藏家。

不用说，这些渴望从不会呈现在创意简报中。

举个简单的例子。我们曾花了6个月的时间，为政府设计帮助应届生就业的方案。

我们团队里的精英们为了解决这一社会难题绞尽脑汁。

我们做出了多种方案，可以说个个精彩绝伦。

然而最终全军覆没，没有一项被采纳。

我们读懂了简报，却没有读懂它背后的政治含义。

官员只是想让大众知道，他为宣传这一项目投入了几百万美元，让人们知道他对此有所作为。

对他来讲，这只是一个公关行为而已。和人文关怀半点儿关系都没有。

客户不买账怎么办？

与人方便，与己方便。

通常来讲，客户很清楚自己的需求是什么。

如果你忽略他的想法，仅仅是围绕着自己的创意夸夸其谈，他最后会告诉你，这不是他想要的。

相反，如果你先顺着他的想法说，他就会放下戒备，准备好好听听你的想法。

比起把客户逼到死角，这种先人后己的策略给了客户更多空间。

当你先给到客户想要的，他也会给出你想要的作为回报。

更何况，他的想法也可能确实值得借鉴。

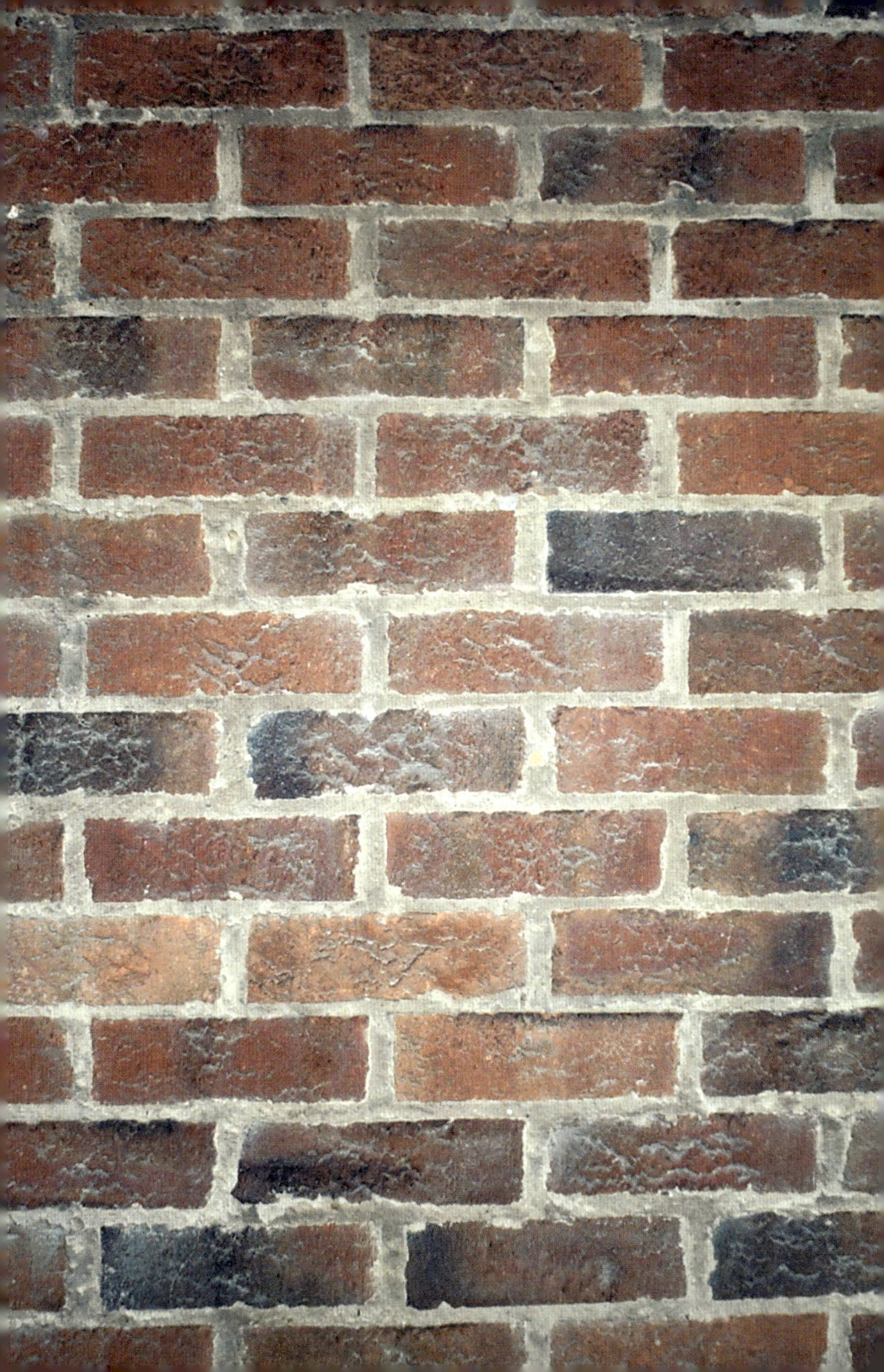

不要轻易放弃

禁止推销。

曾经，我们为获得一笔数额不菲、意义非凡的政府资助而绞尽脑汁。和我们竞争这笔资助的还有另外5家公司。我们为此投入了整整3个月。

然而，在某个周三的下午5点我们被告知，我们并没能成为最终入围的3家公司之一。

客户解释了我们被淘汰的原因。

放在以前我们可能会接受这一现实，转而进行下一项工作。但这次我们没有轻易放弃。

我直接去找了公司的首席执行官[*]，对他说："给客户打电话，告诉他我们准备好了一个全新的策划，明早9点他就能在办公室看到这个策划。"

虽然我们当时并没有做任何策划上的更新。

但是在第二天早上8点之前，我们不仅提出了一个全新的概念，还把前一份策划被指出的问题全部改正了。

客户如期收到了策划。

两天后的周五晚上，我们被告知这份策划最终入选了。

那个周末让大家十分难忘。

---

[*] 这位首席执行官是保罗·班斯法尔，英国广告从业者协会总监。

那些还没被实现的创意毫无价值

一个新的创意也许听上去很陌生,也许听上去愚不可及,或者兼而有之。

但在真有人实现它之前,没人能单从描述中就评判它的价值。

几乎没有人会为他们一无所知的东西买单。这意味着你别无选择,必须亲手把你的创意做出来。

不惜一切代价。

为了实现你的创意,你可能要去乞讨,去借贷,甚至去偷窃。但能决定如何实现创意的只有你。

这令人兴奋。

让人痛并快乐着。

正因为如此困难,能坚持下来的人才会少之又少。

电影《公民凯恩》就是这样一个从绝境中偷得一线生机的经典案例。

制片人奥逊·威尔斯找不到任何赞助商，只筹到了一小笔用来选角的钱。

他靠着恳求、劝诱找到人帮他搭布景、试镜，居然完成了三分之一的拍摄。

他把创意变为了现实。

赞助商看到了潜在的商机，威尔斯最终获得了赞助。

若非威尔斯明知希望渺茫却依然锲而不舍，《公民凯恩》这部电影就会像其他所有夭折的创意一样，永远不会进入人们的视野。

凯恩竞选演讲。

解决不了问题，
是因为你太循规蹈矩了

从不犯错的人，
注定一事无成

本杰明·富兰克林曾说："我从未失败过，我只是有10000个没实现的创意罢了。"

托马斯·爱迪生也说："在制作灯泡的过程中我失败了两百次，但每一次失败都为下一次尝试排除了一个错误选项。"

导演琼·利特尔伍德说："我们如果从不迷路，又怎么能开辟新路呢？"

他们都知道这样一个道理：失败是通往成功的必经之路。

在我最后效力的那家公司，员工被开除的原因往往不是犯错，而是碌碌无为。

正是这种包容失误的态度，让我的老东家变成了顶尖的公司。

记住，失败是成功之母。

> 你或许注意到了标题中有个错别字。*
>
> 这其实是一个意外。
>
> 露辛达打错了一个字。
>
> 巧合的是,这个错误正好出现在了这一章。

* 原文标题是"THE PEROSN DOESN'T MAKE MISTAKES IS UNLIKELY TO MAKE ANYTHING",其中单词"PEROSN"(意思是"人")的正确拼法是"PERSON"。中文译文里对此做了相应的处理,将"PEROSN"译为"入"。

精神错乱的一个再明显不过的表现是,一遍一遍地重复相同的事情,却期待有不同的结果。

—— 爱因斯坦

'FAIL, FAIL AGAIN.

"再试，再失败，更好地失败。"
——塞缪尔·贝克特

FAIL BETTER.'

Samuel Beckett

对非对

我们能把事情做对,通常是依靠现有的知识与经验。

所有的知识都来源于过去。旧有经验因为已被验证过,所以让我们感到安全可靠。但那来源于过去,也意味着过时,意味着缺少创新。

经验是在解决问题的过程中积累下来的。这些问题不断地成为过去式,而我们的世界却瞬息万变,旧时的情况和当前的问题往往大不相同,解决之道当然也应该与时俱进(把老办法向新问题生搬硬套,往往很难适用)。问题在于,人们总是想当然地吃老本。

多么懒惰。

经验往往是创造力的反义词。

如果你十分确信自己是对的,那么要小心,你很可能已经思想僵化。这样的后果是落后于时代,无法与其他人齐头并进。

正确和无聊往往只有一线之隔。行事正确的你，也许已变得陈旧，不愿接受新鲜观点，沉浸于所谓的"正确"中不能自拔——这就是傲慢的开端。傲慢有它的价值，但不是每个人都懂得如何驾驭。

最可怕的是，自以为是的人总站在道德制高点上。不和他们保持一致，就会被指指点点，饱受批评。

所以说，对非对。那些行事"正确"的人沉浸在过去的世界里，乏味无聊，自鸣得意。

和这些人没什么好说的。

错非错

你一旦开始犯错,就会突然发现一切皆有可能。

你无须再去小心翼翼地保持行事正确。

你将进入一个未知的世界,对未来一无所知。相比于努力保持无聊的正确,犯错给了你成就奇迹的可能。

当然,犯错也有风险。

人们总是太在乎别人的眼光,担心自己提的建议被耻笑。

你可能会遇到这样的场景:在创意会上,你提出了一个独到的见解,却并没有一个人喝彩说:"这真是给我们指了条明路!"

相反,会议室陷入沉默,人们抬眼瞧着天花板,或是四下观望,最后大家尴尬地回归讨论,顾左右而言他。

面对风险的态度,检验着芸芸众生。

有些人不愿承担任何风险,只想维持现状,他们止步不前。

有些人则直面风险,一往无前,他们通常会赚得盆满钵满。

有些风险通往光明的未来,虽然不免有人对它们指指点点。而固守正确无异于原路后退,直退到你早已掌握的领域。

结果呢?往事已如烟,未来不可期。

开始犯错吧,就趁现在。

别怕愚蠢的想法

思维定式无处不在。

我们要拆掉思维的墙。

首先,放下包袱,别想着永远保持正确。

喜剧演员约翰·克里斯曾经生动地表达过同样的道理:"在批评停止的地方,创造力才会爆发。"

如果你正陷于死角不能自拔,不妨尝试一下这些技巧:

1. 与所谓正确的解决方式对着干。

2. 看向窗外,是什么立刻吸引住了你的眼球?是天边的飞鸟,是延伸的电视天线,还是拄着拐杖的老人?就顺着它们去找思路。

或许在下一秒,这种毫无逻辑的思维方式就能帮到你呢。

托了蠢笨名字的福,"肥宝"牌法国红酒在6年之内就火遍了全球。
(图中品牌:肥宝)

Engelbert Humperdinck

虽然他的名字傻,但没有谁把他当作傻子*。

* 图中名字是恩格尔贝特·洪佩尔丁克,德国作曲家。

你记不住它。(图中文字: 促销)

你忘不掉它。(图中文字: 灾前大甩卖)

换种思路

打好名片这张牌

左右两列对应着的名片的主人是同一个人,但给我们的印象却大相径庭。

左边的名片仅仅是说明了职务。

右边则展现了名片主人的雄心,体现出他希望别人如何看待他。

你如何认识自己,他人就会如何看待你。

在查尔斯·萨奇刚开始经营广告公司的时候,人们认为这是一家创意精品小店。

他要求公司的办公用品设计向银行看齐(大约15年后,他们真的打算收购一家银行)。

他甚至花费三分之一的资产,买下了《泰晤士报》的一整版广告。

作为回报,他的创意精品小店摇身一变成了知名公司。

约翰·兰森 **加油工**	约翰·C.兰森 **石油经理**
安东尼·泰勒 **建筑师**	安东尼·泰勒 **建筑事务所**
小亚瑟·埃德伯格 **副总裁** **分管第二部门**	艾尔特·埃德伯格 董事
西奥多·史密斯 **全球总裁&** **首席执行官**	西奥多·史密斯 创始人(无名片)

057

重要的不是你知道什么

尽管这句格言广为人知,但很少有人会思考它的深意。

想象一下:

我是一名才华横溢的建筑师,正效力于一家在业内颇有声望的公司。

比如说理查德·罗杰斯*合伙人公司。

公司很看重我的价值,充分尊重我,给我可观的薪水。然而出了公司,却没一个人知道我是谁。

我被工作淹没了。

---

* 英国著名建筑师。

而是你认识谁

而你呢,只是一名建筑学院的大一新生。

你给自己的名片印上:安东尼·泰勒,建筑师。或是更直接地写:安东尼·泰勒建筑师事务所。

当你在酒吧里和别人大侃特侃,递出名片介绍你的身份,你立刻会被看作建筑界的权威人士、专业的建筑从业者。

而我,由于缺乏社交技巧,又不愿意尝试改变,注定永远无法引人注目,永远籍籍无名。

虽然看起来不太公平,但这就是现实。

只要你掌握了其中的技巧,你也可以玩转自己的名片,敲开成功的大门。

不要演讲，要表演

观看一场演讲的时候，总的来说，我们是去看演讲者，而不是真的去听他说什么。

正因为我们早先知道他要讲什么，所以才会去听他的演讲。

回想一下，你听过多少场演讲，而你又记住了些什么？

沉闷的语言，无聊的语言，还是乏味的语言？

听到一首新歌时，我们首先记住的往往是它的旋律，然后才是歌词。

演讲也一样。让观众通过语言感受你的智慧，远不如给他们画张图来得直接。

你的演讲越有视觉冲击力，留给人们的印象就越深刻。

更重要的是，他们会记住你这个人。

财务总监

现金牛

就算是财务总监,演讲也大可不必流于无聊。

被炒
可能是一次职场进阶

被解雇通常意味着你与公司合不来。

换句话说,这份工作压根儿不适合你。

我被炒过5次鱿鱼,每一次都让我的事业更上一层楼。

在过去,被开除会给你的简历留下污点。

但现在,不少猎头特意挖掘那些被解雇过的人,他们认为这些人才真正掌握了主动权。

坏事……

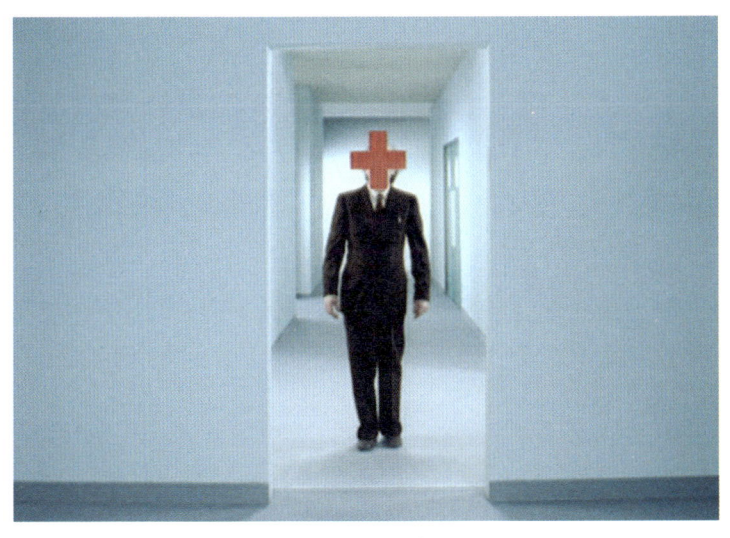

……也能变成好事。

现在是广告时间

好设计本身就是好创意

?

假设你接了这样一个项目：策划一个杂志广告。于是你立刻开始把所有心思用来想"创意"。

版式设计在你看来只是锦上添花，用来彰显品位，实质上无足轻重。这么想，你就大错特错了。

我们对待版式设计应该投入与创意同样的激情。不要想着只是把图片和文字编排一下，你要做的是为客户树立品牌形象。

用设计突出产品或服务的特点，别老想着加点流行元素就应付了事。

如果把你的杂志广告摆在走廊尽头，人们应该在百步之外就认出它。即使看不到品牌名，也能知道这是哪个品牌做的投放。不管读者多快地扫过这页广告，他们都能下意识地联想到背后的品牌。这种品牌认知对你的客户是无价的。

举个例子，在下一页的图片中，走廊尽头的广告品牌被隐藏了，但你依然清楚地知道广告主是谁。

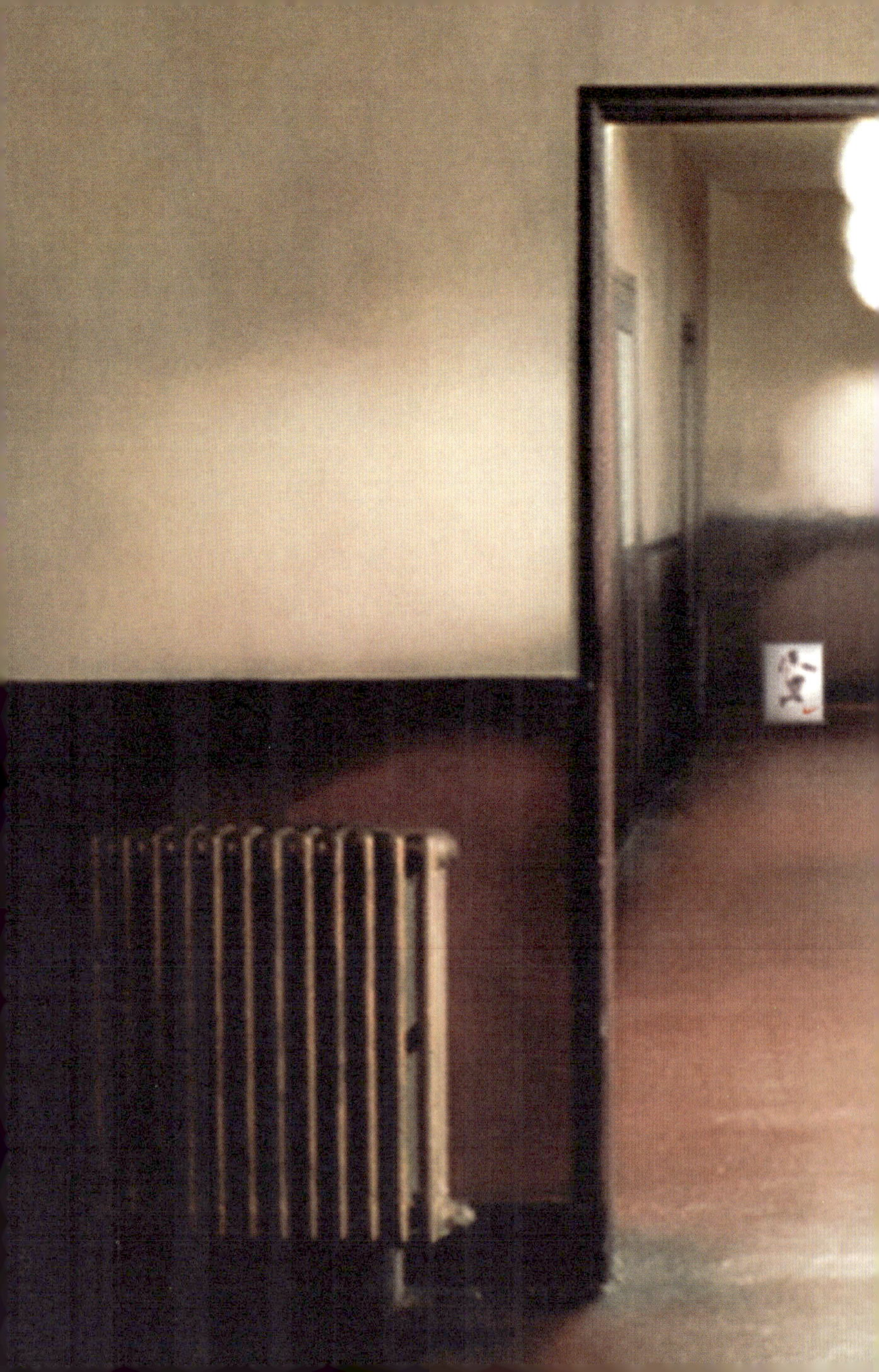

从最弱的一环入手，
构建你的广告框架

如果你开始就知道，客户需要让商标或产品图在广告中占据很大的版面，那就别挖空心思把它安排在角落里。压根儿不可能。

从开始设计的时候，你就要意识到这是一个必须要面对的问题，从整个创意出发来解决它。

把它当作有利条件，而不是拦路虎。

通常来讲，客户和广告公司策划部之间是在打一场持久战。

客户希望的是，在广告中露出他们的品牌、产品及其特性。

而创意人希望的是，如何能在广告中展示才华。

客户想要看到的是，自家的商标凸显在最醒目的位置。

而创意人要通过广告传达自己的理念。

尽管关系如此对立，客户和创意人又互相依存。

创意人需要客户的赞助来给他炫技的机会。

客户则知道好的创意能让销量倍增。

即使是宝洁这样的大客户也对此了然于心。

事实上，问题的根源可不总是客户。是当下的流行影响了你的设计思路。

拒绝流行。

忽略潮流。

向斯特拉文斯基[*]学学吧，他说过："我不是在作曲，我是在创造。"

---

[*] 美籍俄国作曲家、指挥家和钢琴家。

方案越糙越好卖

1. 如果你给客户看了一版非常详细的方案,他很可能会不买账。

   要么是需要考虑的细节太多,要么是看起来还不够丰富。

   总之都够糟的。

   你给了他一份既成事实。

   都让你计划好了,他还做什么呢?

   他的工作都变成了你的,他没有任何参与感。

   如果他恰好不喜欢你方案中某个女孩的样貌,或者是右边男人的裤子款式,又或者某台汽车的型号,他都可能拒掉你的方案。

   他根本关注不到你的创意核心,只会盯着那个女孩的脸想"我不喜欢她,这不是我要的感觉"。

   你给的方案太具体,客户就失去了想象的空间。

2. 所以,给你的客户一个粗糙的方案。给他从头到尾地解释一遍,让他充分发挥想象力。

让他有参与感。

况且,不甚详细的方案也给你留下了回旋的余地。在实际执行中,你随时可以对你的方案做出重新解释,或是优化调整。

要和客户一起工作,而不是把你的想法丢给他。

没有参与感的客户。　　　　　有参与感的客户。

思路卡住了?
那就换支笔写

换种工具,能帮你换种思维方式。

大约有30年的时间,我一直面对着用毡头笔画出来的呆板而毫无灵性的设计图。

不可否认,朴素的书写工具能让你把注意力集中在创意内容上,但它也可能导致你的设计因此一成不变。

不如干脆用水彩笔、炭画笔、铅笔、钢笔来创作你的设计图,你甚至还可以使用装饰涂料和画刷。无论你最初的创意多么渺小,都可以用它们来无限放大。

虽然这很难从根本上解决问题,但它至少有助于你开拓思路,让工作妙趣横生。

记得我曾经只用一张水彩板报,就让客户把预算从15万英镑提高到20万。

它不仅成功地迷住了我的客户,也为整个项目定下了美好的基调。

人有不同,笔有多样。

求人不如求己

别幻想把你的工作交给乙方，对方就能给你一个奇迹。他们不能。

你才是奇迹的缔造者。

艺术指导的魔力是，让有才华的人充分发挥天赋，甚至超越极限。

这可不容易。

如果你赋予一名导演自由创作的权力，他只会按部就班地做，因为他觉得这就是你想要的。

但事实可能并非如此。

或许他的某部巅峰之作曾让你深感惊艳，或是另一部同你工作息息相关的作品震撼了你，所以你才对他委以重任。

你希望他能够完美再现这种水准，为你打造出倾世之作，却没想到从前的佳作对他而言可能也仅是昙花一现，难再复制。这太难了。

相反，如果你用条条框框束缚他的手脚，他又会觉得无从发挥，同样无法满足你的期待。

你需要掌握的艺术，是如何激发他的创作灵感。

你要把握方向，给他一个支点，让他撬动地球，为你创造出前所未有的作品。

对摄影师、印刷工、插画师、导演、色彩搭配师、编辑、音乐家和技术人员也是一样。

你要引领他们，启发他们。

只要你能正确地启发他们，就会得到意想不到的回报。

但你不能泄露出一丝恐惧和彷徨。

你的想法应该来源于你自己，而不是来自对客户或老板的揣度。

毕竟，你才是这份工作的主人。

不要想着诉诸权威，他们只会打安全牌糊弄了事。

你能依靠的人只有你自己。自强则万强。

别害怕和最优秀的人共事

最优秀的人往往是难以相处的。他们思想偏执，目光狭隘，但也正是这些特质成就了他们。他们立场坚定，不愿妥协。

这样的人尤其让年轻人生畏。但如果你抱着锐意进取的心态同他们交往，他们也一定会积极地回应你。

因为他们同样也想成就一番事业。

或许你们会争吵。但只要你目标明确，并全力以赴，他们依然会尊重你（即使当时有误会，过后也会改观——虽然过程可能比较艰辛）。

我不敢打包票说，和最优秀的人共事一定能让你平步青云，但成功的可能性总比与平庸的好好先生做搭档大得多。

电影导演埃里克·冯·施特罗海姆。很多人不喜欢他,但更多有品位的人对他备加爱戴。

跳出广告圈

―――――――――

如果你问一个广告总监1989年的大众汽车广告的艺术指导是谁,他会立马告诉你。

但如果你问他国家大剧院的负责人是谁,他可能就说不上来了。大部分广告人都活在广告圈中。

实际上,90%的广告灵感,都来源于其他广告。

在每家广告公司的书架上,总有几本同样的书。

的确,广告人掌握广告的技巧,是有用而必要的。

当然,人们不断在寻找新的创意——有时其实是寻找新的创意来抄。

如果你想原创,那就从别人意想不到的东西里找灵感吧。

实质少于表象。
——塔卢拉赫·班克黑德,
美国女演员

别总想着获奖

几乎所有人都喜欢获奖。

奖项创造吸引力,吸引力创造收入。

但是,小心。

评委会评奖时,评奖的标准往往是当下已经被人熟知的规则。

换句话说,他们选的是谁更符合潮流。

但独创的作品不会是流行的,因为它还没有得到评委会的肯定。

不要去追赶潮流。

忠于你的创作对象,你更可能会创作出永世流传的作品。

那才是艺术的精髓所在。

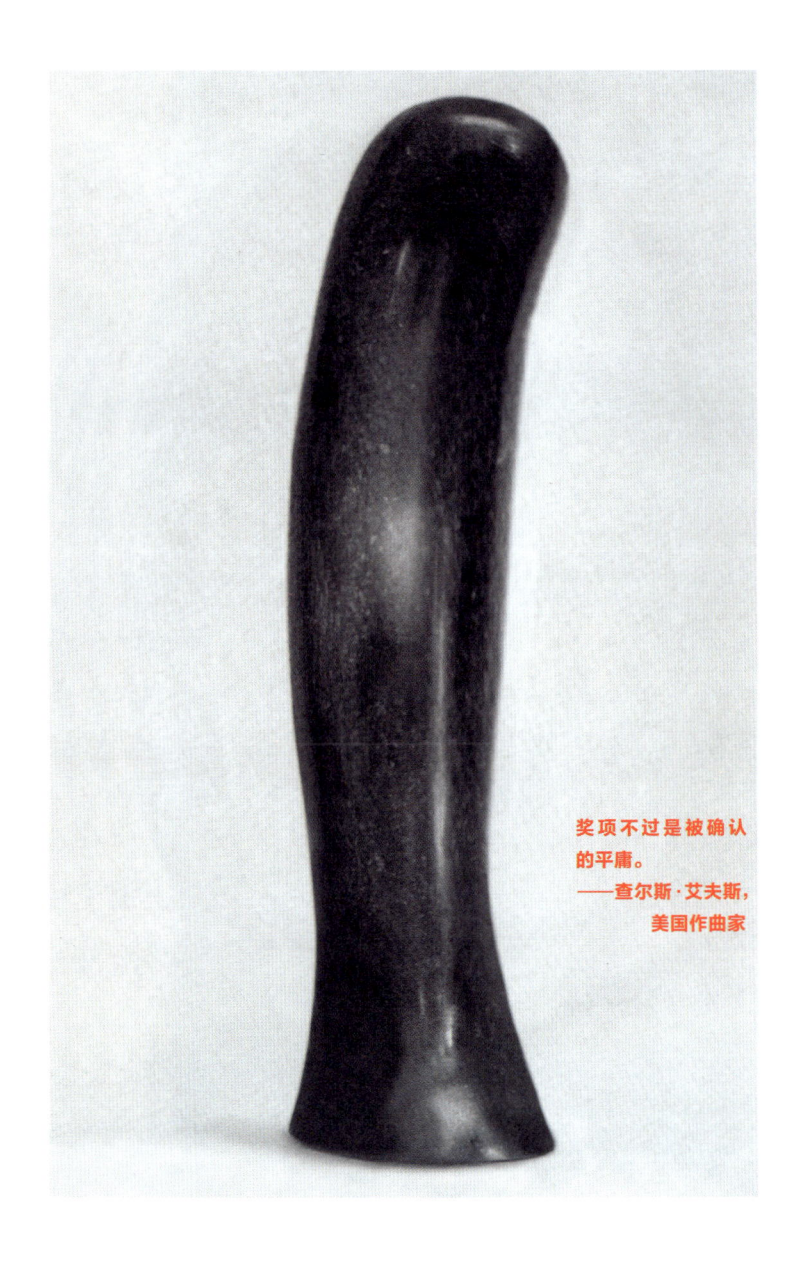

奖项不过是被确认的平庸。
——查尔斯·艾夫斯，美国作曲家

不要为了创意而创意

如何成就一家伟大的公司

我们都希望在让自己感到骄傲的公司里工作。

这可以提高我们的声望,让我们充满自信,也给了我们接触顶尖人士的机会。

大多数人都希望能就职于声名显赫的公司。

如果你正效力于这样的公司,你看中的很可能是它将带给你的回报。

但并非每个人都足够幸运,可以进入风头正劲的企业。

假设你所在的公司里,员工们都不算傻,你要怎么做,才能推动公司获得"年度公司"的称号呢?

从自信满满地谈论它开始。

从思想到行动上,你都要把自己当作一个赢家。

这样能有助于防止人心不安,中断员工们的负面想法和悲观情绪。

如果发现有员工在诋毁公司,你该直截了当地驳斥他们,以此警告其他员工。如果这种状况持续下去,你就该把这些爱嚼舌头的人集体解雇,或者杀一儆百,狠狠回击某个贬低公司的员工,我的一位朋友就是这么做的。

别指望高管会帮你处理这种状况，他们都忙着公司的运营呢。

你要下定决心，成就一家伟大的公司；退一步讲，至少也要打定主意，发挥你自己的影响力。

你要注意到，一家企业的名望，往往成就于一两个大客户。

那你也该选好你要进攻的高地。

你还要意识到，一个公司的声望，也常常取决于一两个关键人物。

那你的目标就该是成为关键人物（之一）。

一旦下定决心，你就成功了一半。现在，你的智慧与勇气，还有你正在阅读的这本小书，就是你全部的财富。

你就是一个人在战斗。放手去做吧。加油。

高管如何发挥影响力

我曾拜访一家比利时广告公司,他们在一个汽车品牌的项目上与客户达成了这样的约定:

预算中的95%完全为客户服务,用以在广告中实现客户的一切想法。剩下5%由广告公司支配,广告公司可以自由地融入他们的创意,而客户必须接受最终的融合成果。

多棒的点子啊!

一方面,客户会对此深感满意,因为他得到了他欣然向往的作品。

另一方面,广告公司也会心满意足,因为5%的创作自由远远比100%的言听计从来得更有吸引力而意义非凡。他们还会发自内心地赞美客户:"真是太伟大了!"

通过一笔特殊的买卖,这家广告公司的高管成功挑战了一贯的创意标准,还大大地鼓舞了士气。

初级客户经理如何发挥重要作用

作为一名初级客户经理,对接重要客户时,你可以选择躲在资本背后默默无闻,也可以充分发挥你的主动性,扩大公司和你人生的版图。

你也许会问:"那我该怎么做呢?"

嗯,你能做很多有意思的事。我这样来举例吧:

作为初级客户经理,你能控制资金的流向(我指的不是巨额资金)。

你可以先拨出一些款,作为优秀创意的启动资金。你只需为此拿出一小部分钱就够了。

然后和公司最优秀的创意人聊聊,看有什么出人意料的好作品。

让创意总监(如果你信任他的话)为你把关。你需要的不是政治正确的作品,而是创意满分的那种。

接下来,就用你提前拨出的那笔款项,来实现这个广告创意。

把它拿给客户看。也许他没那么喜欢,但他很可能会同意为投放这支广告买单。

如果他并不买账的话,那你就自己找地方投放。比如我知道爱尔兰一家广播电台的黄金时段广告费只需要60英镑。

然后努力公关。必要的话,拿它去评奖。

如果失败了,就继续尝试。

当然,风险是存在的。假如最终还是落选了,你也许会受到老板的训斥,甚至会被炒。

但如果真的获奖了,那……

从最初级的客户经理,你摇身一变,就成了创意人最愿意合作的工作伙伴。

还成为了倍受高管关注的员工。

你变成了公司新晋的灵魂人物。

媒介投放员怎样创造不同

媒介投放员决定了广告最终呈现的位置、时间和形式。

他们的投放策略,往往基于数据表现和逻辑判断,因此很可能误入打安全牌的歧途。

正因为如此,我在第一次当艺术指导的时候,就选择了与媒介总监共享一间办公室。

于是我们的广告变得更加吸引眼球。

其实,把摩托车广告打在女性时尚杂志上,或是在摩托车杂志上投放女士内衣广告,都未必是愚蠢的选择。

新事业

"创意"这个词到底指什么?

猜猜这幅画值多少钱。答案见最后一页。

"创意"是广告公司赖以生存的基础。

离开了它,广告公司就一文不值。

每份创意简报中,"创意"都被当作重点来强调。

但"创意"这个词到底指什么呢?

不同的客户会有完全不同的理解。

这家客户会告诉你:"我想要竞品广告的同款,但要别具一格。"

而那家客户则要求:尽可能简单就好。

第三家客户则会说:"和我们过去20年做的广告差不多就行,但不要过分雷同。"

99%的客户都想要有先例可循的创意。

据说宝洁公司的座右铭就是"创意要以先例为基"。

只有万分之一的客户,才是真的在寻求"前所未有的创意"。

所以,在做比稿策划之前,你要先弄明白客户所说的"创意"到底是指什么。

他们和你的理解很可能大不相同。

如何提高你的命中率

对于广告公司的创意部门来讲,"创意比稿"这短短几个字简直就是狂欢的信号。这意味着整个部门可以借机从手里那些令人沮丧的需求中解放出来。

对于每个人来说,这都是展现才智的良机。整个过程将令人倍感愉悦,且有助于振奋士气。然而,要把创意卖出去可不是件容易的事。

一位客户可能会在连续几天内进行5次不同主题的比稿。

这意味着他要同时审阅5到10个广告方案,每个方案中又包含20个创意。

而在总共200个创意中,每个创意都竭尽所能地想要吸引他的注意力。

雪上加霜的是,客户团队中的每个成员都有着不同的日程安排,对于什么是好创意也有着不同的理解。

如果他们出现判断失误,那也不稀奇。

那么,我们该怎么做,才能帮助他们做出正确的选择呢?

标语(口号)赢得业务。

如果你能精准地找到一句话,概括出客户对自己公司无从表达的寄托,那你就搞定他了。

他是你的了。

这里有7个案例:

驱动人生。　　　　　　　　　　　　　　尼桑

全世界最受欢迎的航空公司。　　　　　　英国航空

全澳洲最烈的酒。　　　　　　卡斯特梅恩XXXX啤酒

我们始终独立,你呢?　　　　　　　　《独立报》

彼岸风景独好。　　　　　　　　　　　诺唯真邮轮

有飞割,何须慢慢割。　　　　　　　　飞割割草机

领跑者丰田。　　　　　　　　　　　　　丰田

这些标语之所以能中选,是因为它们能让客户公司从上到下都深深以此为傲。

重要的事情说三遍。

重要的事情说三遍。重要的事情说三遍。

不要用各种乱七八糟的创意填充整个广告墙,而仅仅把口号作为一个无足轻重的添头写在右下角。把口号融入整个广告的标题,让它成为最醒目的东西。

就像这样:

或者这样:

这样就把20句话浓缩成了一句。

要记住,你所展示的每个广告都是一次把你的创意深深根植于客户脑海的良机。

口号是客户的旗帜,你得比他挥舞地更积极。

以英国石油公司为例,它的商标是由绿色和黄色组成的,那你就该选用绿色和黄色作为幻灯片的主色调。

如果你发现客户深为自己的商标自豪,那你就该让它足够醒目。也许这并不符合你的审美,但它能使客户从中感到安心。

记住,广告始于名字。

先讲创意点。

有多少次,你尴尬地坐在那里,耐着性子看着台上的人大讲特讲媒体投放计划、调查结果和规划策略,尽管台下所有人关注的都是创意点?

试着开门见山地介绍你的创意点。如果客户喜欢你的创意，那么接下来不管你讲什么，他都会饶有兴致地听完。

如果他对你的创意不感兴趣，无论如何你都被判了死刑，这至少能让无意义的会议赶紧结束。

别让你最好的创意人参加新业务的比稿。

对那些初次接触、相对保守的客户团队来说，最资深创意人所做的策划很有可能因为过于新颖、太惹争议，反而令他们难以放心接受。

要注意发掘那些常在比稿中脱颖而出的员工。

他们的策划或许没那么亮眼，但足够聪明，对客户来说会更容易理解。

最后，选在周二做展示。

假设本周内一共有5个比稿，平均每天1个。

到周五那天,客户早就被高强度的繁重工作压垮,以至于他根本无法给出定论。

他的心路历程会像这样:

周一——很棒的会议,非常棒的作品,很优秀的团队。

周二——很棒的会议,很棒的团队,很棒的作品。

周三——不错的会议,新颖的作品,一群可爱的年轻人。

周四——又一场很棒的会议,很好的团队,还不错的作品。

周五——又是会议,但我什么都不记得了。

他很可能最终会选择周二展示的策划,因为那时他的头脑还是清醒的。

周一还太早,没什么好比较的。

而周三周四的感觉,就像吃了太多巧克力,腻。

周五呢? 呕……

最后的思考

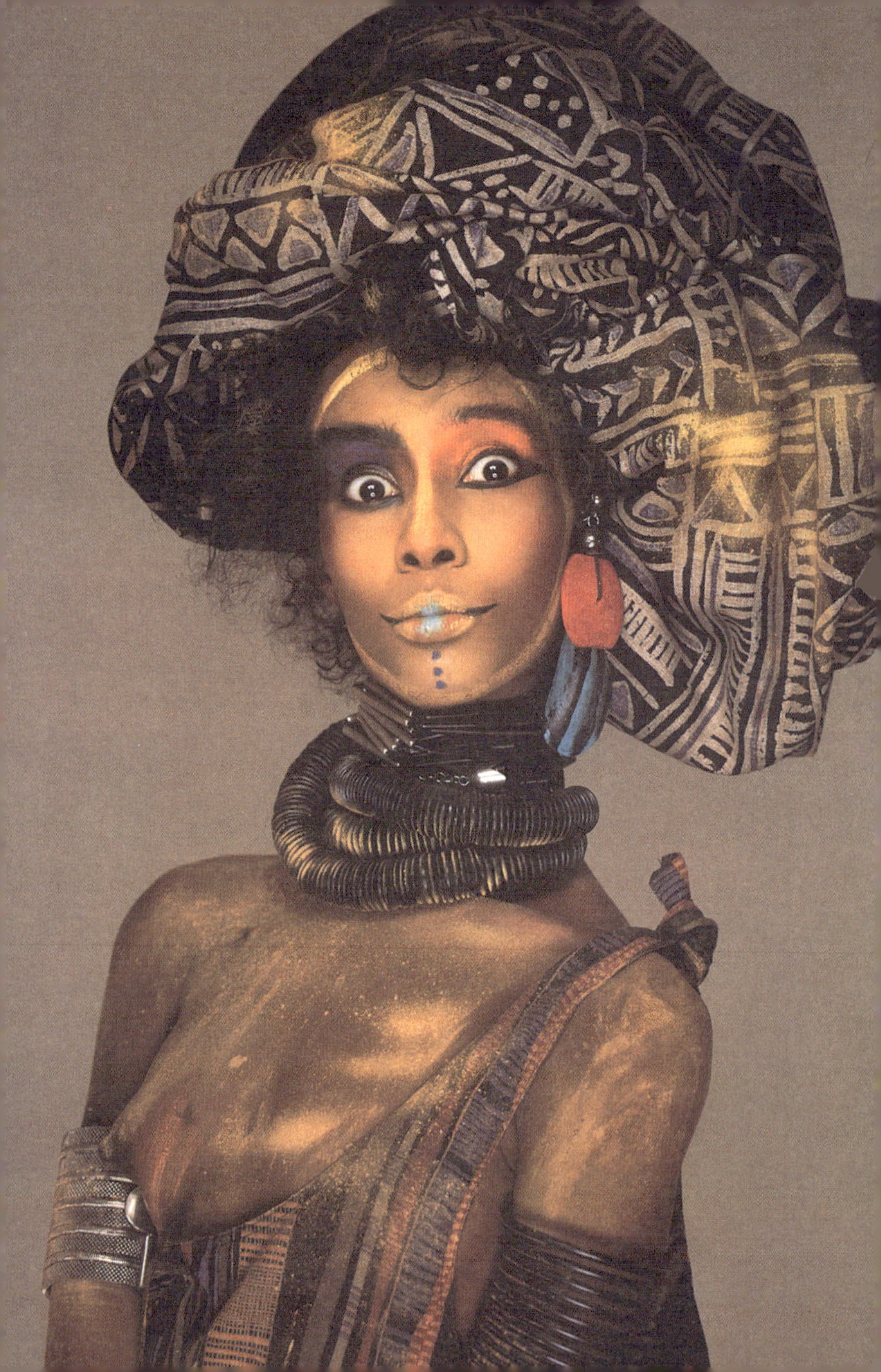

我的高光时刻

我曾经在纽约与理查德·艾维顿[*]共同完成了一次时尚拍摄。客户是时尚界一家没什么名气的小公司。

那次的拍摄主题是非洲印花裙。

我希望模特皮肤黝黑、满面油光、满身尘土、野性四射。就像莱妮·里芬施塔尔[**]那样。

艾维顿问我,能不能自己动手给模特打扮?我回答说,可以。

他又问我,是否能用短裙包住模特的头发?我使劲咽了咽口水,回答说,可以。

因为我没有理由雇来他却又不采用他的想法。

之后,我建议他可以用野猪当背景。他拒绝了,坚持拍摄对象本身就足以展现故事。

这给我上了一课。

[*] 20世纪美国摄影大师。
[**] 20世纪德国女导演、女演员。

从始至终，他都看起来全情享受着这次拍摄。我问他，凭借现在的地位，足以随心所欲，为什么依然对工作充满激情？

他回答说："保罗，事实不像你想的那样。我受雇于《时尚》杂志，他们常常告诉我该怎么做，但那些常常是我毫无兴趣的。可我还有个工作室需要资金来运转，我只能接受。"

我听到后大吃一惊。原来比起他而言我是那么地自由自在。

结束拍摄后，我走出了工作室，抱着一个装满了10×8柯达克罗姆胶卷的黄色盒子，踏上了烟雨蒙蒙的74号街。

我一直真切地记着这个瞬间。

当时我的脚好像踩在棉花上，心想着"我要因为这些照片被开除了……"。

可我是宁愿因使用这些照片被开除，还是弃用它们以苟且工作下去呢？

毫无疑问，就算被开除我也要用这些照片。

在74号街上的那短短几秒，是我广告生涯的高光时刻。

当我回去把照片给我的同事看时,他觉得我大概是疯了。

幸运的是,客户非常喜欢这些照片。"这才是艺术。"他说。

这些照片斩获了所有它们能获得的奖项。

可惜的是,这位客户在此之前就被开除了。

教堂笔记

灵感来自伯明翰圣菲利普教堂和诸圣教堂。

谈论上帝我还不够格。我要讲的还是广告。

广告就是我的信仰。

当我告诉别人我以广告为生时,他们本能的反应就是我的工作是向人们推销他们并不需要的东西。

他们厌恶广告。

我或多或少也感到厌烦。

没错,我承认,我是在推销。但每个人不都如此吗?

每个人都同样急切地想要卖出些什么,不管是服务还是观点。

比如特百惠聚会就是一场推销者的狂欢。

卖车时,人们会把它擦得干干净净,以便于充分展示它的优点。

在销售房屋时,他们甚至用烤面包的味道令房间溢满香气。

参加采访或者聚会前,你无论是选择盛装出席还是仅仅简单化个淡妆,不都是为了推销自己吗?

甚至你的神父也在推销。他推销的是他的信仰——上帝。

关键在于,人人都是推销员。

人人都在做广告。

广告就是生活的一部分。

人生就是创意的循环

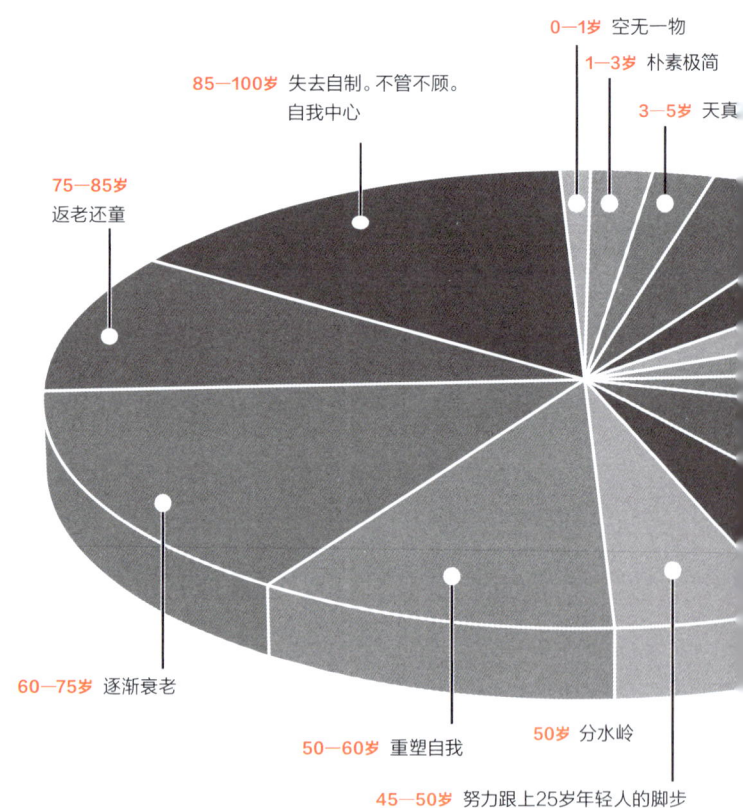

0—1岁 空无一物

1—3岁 朴素极简

85—100岁 失去自制。不管不顾。自我中心

3—5岁 天真

75—85岁 返老还童

60—75岁 逐渐衰老

50—60岁 重塑自我

50岁 分水岭

45—50岁 努力跟上25岁年轻人的脚步

经常听到有人说，创造力与艺术密不可分。

无稽之谈。

创造力来源于想象力，而想象力每个人都有。

这个轮状图可以帮你更好地理解，人的一生就是一个创意的大循环。

岁 开始模仿

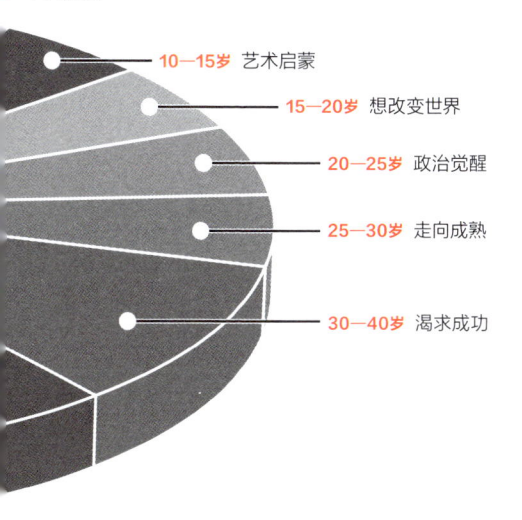

10—15岁 艺术启蒙

15—20岁 想改变世界

20—25岁 政治觉醒

25—30岁 走向成熟

30—40岁 渴求成功

—45岁 复制成功

他山之石，可以攻玉

宁在创新中失败，不在模仿中成功。

——赫尔曼·梅尔维尔

创新总比不创好。

——格劳乔·马克斯

粉红色就是印度人眼中的海军蓝。

——戴安娜·弗里兰

勇气就是不断失败而不丧失热情。

——温斯顿·丘吉尔

早睡早起，拼命工作，卖力宣传。

——爽健品牌广告语

坐上谈判桌之前，先想好最坏的情况。

——欧内斯特·贝文

任何值得一去的地方都没有捷径。

——贝弗利·西尔斯

懦弱者总能找到为他们服务的哲学观点。

——阿尔贝·加缪

君子病无能焉。

——孔子

总有人会不假思索地直奔结论。

——哈罗德·阿克顿

心之所至,力之所及。

——克莱门特·斯通

快乐是平庸的唯一动机。

——米歇尔·蒙田

只有精神正常的人才能被治愈。

——卡尔·荣格

当你发现一切尽在掌握,只能说明你还不够快。

——马里奥·安德烈蒂

想拿冠军就再坚持一轮。

——詹姆斯·科比特

我们看不到事物的本质,只看到自己的样子。

——阿内丝·宁

去教堂不代表你就是基督徒,正如去汽车修理站不代表你就是修车工。

——劳伦斯·彼得

好吧，书总有写完的时候，就到此为止吧。

书很短，感谢名单很长

罗杰·肯尼迪是本书英文版的设计师，他在上奇广告公司担任了20年排印总监。

他获过的奖数不胜数。

在本书刚开始筹划的时候他就加入了，在版式设计和内容上都给了很多意见。他的贡献是可见可感的。我要向他对我的帮助致以真诚的感谢。

我还想感谢我的良师益友，克里斯多夫·麦卡特尼-菲尔盖特。他同样为本书做出了很大贡献，也是第一个让我感到自己还有些价值的人。

还要感谢杰里米·辛克莱。他慷慨地让出令我梦寐以求的工作，并给予我源源不断的支持。同时感谢他提出的在书中多加插图的建议。

感谢安德鲁·克拉克内尔建议我写这本书。

感谢迈克尔·沃顿为我校对，并提出中肯的意见。

感谢凯西·衡总是救我于困境。

感谢露辛达·罗伯茨，天性善良的她在本书撰写过程中持续给予我帮助。

感谢阿曼达·伦肖信任这本书。

感谢克里斯汀、哈丽特、沙恩、格坎，我忠实的支持者们。

感谢我的朋友及合伙人尼克·萨瑟兰-多德，我对他永远心存感激。

———————————

最后要感谢我的父亲，他是我的英雄。他去世于2002年，享年98岁。

———————————

还要感谢艾莉森·杰克逊、格雷厄姆·科恩斯韦特、南希·福茨、理查德·艾维顿、梅尔文·雷德福、鲍勃·卡洛斯-克拉克、约翰·帕伦特、马特·瑞恩、杰德·特罗特。他们慷慨地允许我在书中使用他们的图片。

图片出处说明

除下述特别声明，本书所有图片均由保罗·亚顿授权使用。

p.7/35: 小麦克伦授权使用
p.8: 亚历克斯·汤普森授权使用
p.11: 史威士授权使用/艾莉森·杰克逊摄/卡米拉·莎德波尔特扮演维多利亚·贝克汉姆
p.12—13: 弗雷泽·威瑟斯授权使用
p.21/36: 梅尔文·雷德福授权使用
p.23: 格雷厄姆·科恩斯韦特授权使用
p.29: 纽约恒美广告公司授权使用
p.39: 约翰·科巴尔摄影藏品/雷电华影业摄
p.79: 约翰·科巴尔摄影藏品/派拉蒙影业摄
p.100: 杰德·特罗特授权使用
p.106: 理查德·艾维顿摄
p.110: 南希·福茨授权使用
p.116—117: 莱斯利·亚顿作品, 保罗·亚顿授权使用

第96页: 价值——零。这是一幅无用之作。不过另一幅雷同的作品近期在苏富比拍卖行以超过25万英镑的价格卖出。

图书在版编目（CIP）数据

关键不是你现在有多棒,而是你想成为多棒的人 /[英] 保罗·亚顿著；张伟译. -- 长沙：湖南人民出版社, 2018.9
ISBN 978-7-5561-2006-2

Ⅰ.①关… Ⅱ.①保… ②张… Ⅲ.①成功心理 - 通俗读物 Ⅳ.①B848.4-49

中国版本图书馆CIP数据核字(2018)第146405号

Original title: It's Not How Good You Are, It's How Good You Want To Be © 2003 Phaidon Press Limited
This Edition published by Shanghai Insight Media Co. under licence from Phaidon Press Limited, Regent's Wharf, All Saints Street, London, N1 9PA, UK, © 2017 Phaidon Press Limited.
All rights reserved. No part of this publication may be reproduced, stored in a retrieval system or transmitted, in any form or by any means, electronic, mechanical, photocopying, recording or otherwise, without the prior permission of Phaidon Press.

著作权合同登记号: 18-2017-065

关键不是你现在有多棒,而是你想成为多棒的人
GUANJIAN BUSHI NI XIANZAI YOU DUOBANG, ERSHI NI XIANG CHENGWEI DUOBANG DE REN

[英] 保罗·亚顿 著　张伟 译

出 版 人	谢清风
出 品 人	陈　垦
出 品 方	中南出版传媒集团股份有限公司
	上海浦睿文化传播有限公司　上海市巨鹿路417号705室（200020）
责任编辑	曾诗玉
装帧设计	曾国展
责任印制	王　磊
出版发行	湖南人民出版社
	长沙市营盘东路3号（410005）
网　　址	www.hnppp.com
经　　销	湖南省新华书店
印　　刷	恒美印务（广州）有限公司
版　　次	2018年9月第1版
印　　次	2018年9月第1次印刷
开　　本	787mm×1092mm 1/32
印　　张	4.25
字　　数	78千
书　　号	ISBN 978-7-5561-2006-2
定　　价	48.00元

版权所有，未经本社许可，不得翻印。
如有倒装、破损、少页等印装质量问题，请与印刷厂联系调换。联系电话：020-84981812

浦睿文化
INSIGHT MEDIA

出 品 人　　陈　垦
策 划 人　　吕　昊
监　　制　　余　西
出版统筹　　戴　涛
编　　辑　　姚钰媛
封面设计　　曾国展
美术编辑　　王天舒

投稿邮箱　　insightbook@126.com
新浪微博　　@浦睿文化